NÉVROTOMIE

DANS LE

TÉTANOS TRAUMATIQUE

PAR

LE DOCTEUR LÉTIÉVANT,
CHIRURGIEN EN CHEF DÉSIGNÉ DE L'HÔTEL-DIEU DE LYON.

LYON
IMPRIMERIE D'AIMÉ VINGTRINIER
Rue de la Belle-Cordière, 14.

1870.

NÉVROTOMIE

DANS LE

TÉTANOS TRAUMATIQUE

TABLE DES MATIÈRES.

NÉVROTOMIE

DANS LE

TÉTANOS TRAUMATIQUE

PAR

LE DOCTEUR LÉTIÉVANT,

CHIRURGIEN EN CHEF DÉSIGNÉ DE L'HÔTEL-DIEU DE LYON.

LYON

IMPRIMERIE D'AIMÉ VINGTRINIER

Rue de la Belle-Cordière, 14.

1870.

NÉVROTOMIE

DANS LE

TÉTANOS TRAUMATIQUE

INTRODUCTION.

La méthode de traitement du tétanos par les sections nerveuses est très-diversement jugée par les chirurgiens. Quelques-uns la considèrent comme illusoire et trompeuse ; d'autres, au contraire, professent un grand enthousiasme pour elle.

Il faut se garder également de l'un et de l'autre de ces excès.

L'opinion qu'il convient de se faire à ce sujet doit résulter, surtout, de l'analyse exacte et de l'appréciation raisonnée des divers faits où la section nerveuse a été pratiquée.

Exposer ces faits, en tirer les conséquences, voilà le but principal de ce travail. Je ne ferai, en effet, qu'une excursion limitée dans le domaine de la théorie, pour montrer ce qu'offre de rationnel la méthode de la névrotomie dans le tétanos.

CHAPITRE PREMIER.

HISTORIQUE.

On peut faire remonter à Larrey l'emploi de la névrotomie contre le tétanos traumatique.

Il avait observé après la bataille d'Eylau (1807), un jeune officier, le fils du général Darmagnac, atteint de tétanos à la suite d'une amputation du bras. « Dans la dissection du moignon faite « 24 heures après la mort, nous trouvâmes, M. Ribes et moi », dit Larrey, « le nerf médian compris dans la ligature de l'artère. L'extrémité de ce nerf était tuméfiée, rougeâtre. »

Plusieurs observations analogues lui démontrèrent l'influence des lésions nerveuses sur la production du tétanos. Cette complication est causée, disait-il, par un nerf tantôt compris dans la ligature d'une artère, tantôt exposé au froid humide, à la chute des eschares de la plaie, ou encore lorsqu'il est serré par la cicatrice, ou irrité par un fragment d'os, etc.

Ces appréciations expliquent la conduite de l'illustre chirurgien vis à vis du fusilier Yonk.

Amputé à la cuisse droite pour un fracas énorme du genou, ce soldat fut atteint de tétanos du huitième au neuvième jour. L'irritation nerveuse partait, suivant son rapport, du point correspondant à la ligature des vaisseaux. Larrey soupçonna qu'un des principaux cordons nerveux du crural était compris dans la ligature de l'artère fémorale. Il porta, avec précaution, la pointe de l'une des branches de ses ciseaux entre l'artère et l'anse du cordonnet de fil et le coupa facilement. « Cette petite opération parut cal- « mer, pour quelques moments, les accidents tétaniques. Mais « l'irritation s'était propagée plus loin..... » Le troisième jour, Larrey cautérisa vivement la plaie. Quelques jours après, à la grande surprise de ce chirurgien, il s'établit un mieux marqué. La raideur des muscles disparut graduellement... A la fin du deuxième mois, Yonk fut parfaitement guéri.

Un fait aussi péremptoire décida Larrey à formuler, dès cette époque, sa règle thérapeutique contre le tétanos.

Persuadé que le fer rouge promené à la surface de la plaie laisserait moins en oubli les extrémités nerveuses irritées que la section isolée d'un nerf, il adopta la méthode de la cautérisation, à laquelle il dut un certain nombre de succès.

Nous le voyons, cependant, dans une circonstance particulière, déroger à cette règle et borner son intervention à la pratique de la névrotomie seule. Il s'agissait, il est vrai, d'une plaie voisine de l'œil, réclamant, en conséquence, des ménagements que le fer rouge n'aurait peut-être pas permis de garder. Ce fait est rapporté plus loin, sous ce titre : *Observation I.*

Dupuytren ne paraît pas hostile à la méthode de la névrotomie. Il avait observé certains faits de tétanos occasionnés par des lésions nerveuses. Aussi donne-t-il le précepte suivant, dans sa *Clinique chirurgicale*, t. IV : « On doit couper tout à fait les nerfs divisés en partie seulement. »

Bérard et Denonviliers se bornent à signaler le fait de Larrey (*Obs. I*), sans se prononcer sur la méthode en général.

Nélaton ne compte nullement sur la section nerveuse comme moyen de guérir le tétanos.

Vidal, Bilroth gardent un silence complet sur ce sujet.

Follin écrit, à propos de cette forme de tétanos qu'il appelle *spasmes secondaires :*

« On pourrait peut-être se borner à pratiquer la section du « nerf qui se rend à la partie blessée (au lieu de faire l'amputa- « tion) ; mais ce moyen offre certaines difficultés d'exécution et « n'est pas aussi certain que l'amputation. »

Dans la forme qu'il appelle tétanos à proprement parler, l'auteur ne croit pas qu'il faille fonder de grandes espérances sur la section des nerfs (1).

Les thèses sur le tétanos, publiées à Paris, Montpellier, Strasbourg, pendant ces six dernières années, ne signalent même pas la névrotomie comme méthode de traitement de cette affection. Reflet de l'enseignement des Facultés où elles ont été soutenues, elles attestent combien la névrotomie est peu en honneur auprès de nos chirurgiens.

On peut juger de sa faveur auprès des écrivains de la presse périodique, en lisant, au feuilleton de l'*Union médicale* du 25 janvier 1870, l'article suivant, signé Garnier : « Un homme était at- « teint de tétanos consécutif à un traumatisme des trois doigts « de la main droite. Maunder, à l'hôpital de Londres, allait am- « puter le membre, lorsqu'il se décida à diviser les nerfs médian, « cubital et radial. Tous les symptômes s'aggravèrent le lende- « main et le malade succomba. Sans connaître les détails de « l'observation, on peut se demander, dit l'auteur, s'il y avait « autre chose à attendre de ce moyen, car c'est combattre le mal « en augmentant la cause qui l'a produit. La témérité chirurgi- « cale anglaise ne diminue pas. »

(1) Cette distinction en deux formes du tétanos repose sur l'exacte observation des symptômes, mais n'a aucune signification relativement à la gravité de l'affection. On meurt ou l'on guérit tout aussi bien avec l'une ou l'autre de ces deux formes.

Le jugement de la plupart des auteurs classiques et des chirurgiens modernes est donc médiocrement favorable à la pratique de la névrotomie dans le tétanos. Toutefois, on ne voit pas ces auteurs donner les raisons sur lesquelles ils fondent leur opinion. Chacun affirme, sans se soucier de fournir aucun document sur la question.

Des préceptes ainsi donnés ne pouvaient faire loi absolue ; il n'est donc pas étonnant que, de temps en temps, on ait vu se produire, à propos du tétanos, quelques faits de section nerveuse. D'ailleurs, parmi les opinions que je viens de signaler, les deux seules qui soient motivées, celles de Larrey et de Dupuytren, sont des plus favorables à cette conduite et elles, au moins, s'appuyent sur l'observation directe des faits.

CHAPITRE DEUXIÈME.

RAISONS THÉORIQUES DE LA NÉVROTOMIE DANS LE TÉTANOS TRAUMATIQUE.

Sans insister sur l'appui que donne à cette méthode de traitement du tétanos traumatique l'autorité des deux illustres noms chirurgicaux, Larrey et Dupuytren, je citerai, comme lui servant de base scientifique, le rôle physiologique des nerfs et, surtout, le mode de production ou de genèse du tétanos traumatique.

§ I.

Rôle des nerfs.

Les nerfs remplissent dans l'organisme un rôle tel que l'on a dû s'adresser à eux, dans certaines affections, et notamment dans celle qui nous occupe.

Ils sont conducteurs des impressions sensitives de la périphérie aux centres nerveux; de même qu'ils portent à la périphérie les influences motrices émanées de ces centres.

Une impression produite à l'extrémité d'un doigt, est, par les nerfs, conduite rapidement au cerveau où elle est perçue, sentie. Si on sectionne le nerf qui conduit l'impression dans ce cas, on interrompt la transmission et la sensation n'a pas lieu; l'impression n'est plus perçue.

Ce qui a lieu à l'état normal se retrouve à l'état pathologique. Une région peut être le siége d'impressions sensitives morbides, douloureuses, troublant profondément la santé par leurs caractères.

Cela s'observe dans certaines névralgies. Si, alors, on sectionne le nerf de la région où siègent les douleurs, celles-ci ne sont plus transmises au cerveau; elles n'existent plus pour l'organisme; la santé n'en est plus altérée.

Cela s'observe aussi dans le tétanos traumatique; et, comme dans le cas précédent, si l'on divise le nerf conducteur des impressions de la blessure aux centres nerveux, on supprime la transmission de ces impressions. Leur influence sur le système nerveux cesse alors de se faire sentir. Les contractions tétaniques réflexes, qui résultent de cette influence, cessent de se produire ou du moins s'amendent considérablement.

§ II.

Influence de la lésion locale sur la production du tétanos traumatique.

Il faudrait, pour contester l'utilité de la névrotomie dans le tétanos, nier l'influence de la blessure, et surtout de celle des nerfs, sur la production de cette affection. Mais cette influence est trop bien établie; elle repose sur trop de raisons plausibles, pour pouvoir longtemps être mise en doute.

1° Le *nom* de tétanos *traumatique*, de τραυμα, blessure, terme consacré par tous les chirurgiens qui ont observé cette affection, montre que, pour sa production, on a, de tout temps, attribué à la blessure une influence manifeste. Cette influence, on ne la définit pas; on l'ignore dans sa nature; mais, elle parait tellement établie aux yeux des observateurs que chacun répète la même dénomination : tétanos *traumatique*.

2° Les *symptômes* de cette maladie démontrent souvent, avec une évidence complète, cette influence de la blessure et sa nature nerveuse

On voit, en effet, dans certains cas, la plaie devenir douloureuse, la douleur qui y prend naissance s'irradier dans le membre où elle siége, du membre s'étendre au système nerveux central. A chaque exacerbation de la douleur locale, un courant, douloureux aussi, parti comme un éclair de ce foyer, va se faire sentir dans les mâchoires, la nuque et le dos, où il s'accompagne d'une exagération dans les contractures musculaires.

Dans d'autres circonstances, ce n'est pas de la douleur qui se manifeste au siége de la lésion, mais des contractions toniques des muscles. Locales d'abord, rappelant, par leur forme, celles que produirait un courant à induction sur un groupe musculaire, bientôt elles s'étendent, gagnent le long du membre et enfin deviennent générales. Ici encore, à chaque augmentation brusque dans les spasmes locaux, se produit une secousse convulsive nouvelle dans les mâchoires, la nuque et le tronc.

Telle la tétanisation d'un groupe musculaire isolé, produite par un courant électrique à travers le nerf de la région, finit par s'étendre, se généraliser même si le courant est prolongé et porté à un degré considérable d'intensité.

On ne saurait nier, dans les cas précédents, le rapport existant entre l'état général et l'état local. On suit, pour ainsi dire, l'influence émanée de la blessure. Il est même possible de reconnaître son passage exclusif par un nerf, quand, par exemple, elle traduit son impression sur le seul groupe musculaire dépendant de ce nerf.

3° Non-seulement les symptômes, mais la *nature* des lésions qui produisent le tétanos traumatique montre l'action de la blessure locale et notamment de la blessure nerveuse sur la production de cette complication.

Ces lésions présentent toujours, comme caractère traumatique spécial, leur siége sur des régions pourvues abondamment de nerfs.

Ce qui démontre mieux encore que la lésion nerveuse est l'unique cause du tétanos dans ces cas, c'est qu'il s'est rencontré des faits où celle-ci s'est trouvé limitée à un seul tronc nerveux. La cause de l'affection tétanique est alors appréciable par tous, visible à tous les yeux et ne laisse aucun doute dans l'esprit.

Ainsi l'on a vu :

Une mèche de fouet, enkystée dans le nerf cubital, engendrer un tétanos terminé par la mort (Dupuytren) ;

Un nœud de ligature, engagé dans le nerf sciatique qu'on avait lié pour une hémorrhagie dont l'artère nourricière du nerf était le siége, produire un tétanos mortel (Descot) ;

Un fragment de chaussure, introduit au milieu d'un rameau du plantaire externe, par un clou sur lequel avait marché le malade, donner lieu à la même complication terminée de la même manière (Vernois) ;

Une ligature comprenant à la fois l'artère et le nerf crural (Larrey) produire la même affection.

Le corps étranger, dans ces conditions, joue le rôle d'un excitateur nerveux. Constamment en rapport avec le conducteur dans lequel il est logé, il produit sur lui un courant constant et douloureux; celui-ci se transmet incessamment aux centres nerveux pour les inciter eux-mêmes. Outre cette excitation douloureuse, ce corps, par sa présence, produit sans cesse dans le nerf cette augmentation de température, appelée *échauffement* des nerfs et des centres nerveux par Schiff. (Mémoire dans *Archives de physiologie*, 1869-1870.)

Sans doute l'excitation douloureuse et *échauffante* des masses nerveuses n'est pas le seul résultat de la présence du corps étranger. Quelles que soient, d'ailleurs, les découvertes ultérieures que nous réserve la science sur ce point, il n'en reste pas moins certain que ce corps, logé dans le nerf, est la cause réelle du tétanos dans ces cas.

Quand le tétanos traumatique éclate, si nous trouvions toujours de semblables corps étrangers logés dans un nerf, nous n'éprouverions pas la moindre hésitation à admettre que, *toujours*, cette affection résulte de l'irritation locale produite sur les nerfs de la partie blessée. Cette opinion serait générale et absolument rationnelle.

Or, il faut savoir que, plus souvent qu'on ne le pense, il existe, dans les nerfs blessés du tétanique, des conditions qui les font singulièrement ressembler aux nerfs subissant le contact d'un corps étranger. Que dis-je ? il existe de véritables corps, des débris de tissus, des détritus, des magmas qui jouent vis à vis d'eux le rôle réel de ces corps.

Examinons, en effet, les circonstances au milieu desquelles se produit si souvent le tétanos traumatique.

Ici, un nerf est lacéré par un corps pointu, un clou, une épine; la plaie est légère, insignifiante.

Là, un nerf est contus, écrasé, tiraillé par un fragment osseux qui le comprime (Dupuytren, Lallemand, Vood, etc.).

Ou bien encore, l'accident produit est une contusion, une plaie contuse, un écrasement, une déchirure, un arrachement, un tiraillement, une torsion, une plaie par arme à feu, etc.

Le froid humide ajoute quelquefois son influence irritante aux conditions précédentes et augmente les désordres locaux.

Que se passe-t-il dans les plaies de cette nature ?

Dans un nerf contus, déchiré, écrasé, dilacéré, il se produit, ce que l'on observe sur tout tissu offrant à la fois une certaine résistance et une certaine élasticité, des divisions irrégulières, des sinuosités, des anfractuosités séparées par des lamelles de tissu appartenant soit au névrilème ou au périnèvre, soit aux capillaires vasculaires ou aux tubes nerveux.

Outre ces lambeaux de tissus appartenant aux cordons nerveux, on observe, à la surface triturée, des extravasations sanguines plus ou moins abondantes.

Ces amas sanguins, ces débris organiques finissent par se résorber dans un certain nombre de cas. Mais, quelquefois, les débris trop amincis, trop séparés du reste pour continuer à vivre, altérés encore par l'action d'un froid local, subissent une véritable mortification. Quelquefois aussi les extravasats sanguins, irrités inopportunément, passent à la suppuration, ou persistent à l'état de magmas coagulés ou de blocs hématiques incomplètement résorbés. Ces blocs, ces magmas, ces amas de pus, ces débris organiques se trouvant ainsi en contact avec les tubes nerveux, représentent de véritables corps étrangers, petits, peu appréciables, microscopiques quelquefois, mais qui n'en jouent pas moins le rôle d'excitateurs.

Souvenons-nous, en effet, de l'extrême facilité avec laquelle un contact, même des plus légers, suffit à engendrer, dans les nerfs et les centres nerveux, ces singuliers courants caloriques dont l'aiguille du thermoscope indique la production.

Le tétanos traumatique ne se produit peut-être jamais en dehors des conditions pathologiques des nerfs précédemment énumérées. Il se manifeste constamment à l'occasion de blessures déterminant ces dispositions spéciales des filets ou des cordons nerveux.

A l'appui de cette assertion, j'ai fait le relevé des lésions qui ont occasionné le tétanos dans les observations relatées dans les thèses sur cette maladie, soutenues devant nos trois Facultés, pendant ces six dernières années. Je ne trouve aucune exception à la loi que je viens de poser.

Ce sont, toujours, des contusions, des écrasements, des déchirures, des fractures, etc., qui donnent lieu à la complication tétanique.

Ainsi je note :

Une fracture de jambe compliquée de plaies avec issue des fragments (4 fois).

Une fracture incomplète du premier métatarsien avec lacération des tendons.

Un coup de fusil sur le deuxième orteil droit.

Un coup de feu sur le pied.

Une plaie contuse légère de l'aile du nez.

Une plaie contuse de l'avant-bras.

Une plaie du pied par un clou.

Une plaie contuse de tête.

Une écorchure du pouce.

Une morsure de cheval au bras.

Une plaie de l'orteil par une scie de scieur de long.

Une plaie du pied par passage d'une roue de charrette.

Une plaie de la main par engrenage.

Une blessure d'un côté de l'ongle du gros orteil par choc d'un caillou.

Une plaie par déchirure avec renversement de l'ongle d'un doigt.

Un index écrasé.

Un clou dans un pied.

Une gangrène de trois orteils.

Une luxation de l'astragale avec plaie.

Une avulsion de dent.

Une plaie sur le dos du pouce gauche, par un couteau de cuisine.

Une coupure par fragments de verre au poignet.

Une brûlure.

Une contusion par une pointe de herse.

Une ligature d'un polype utérin.

Je trouve, il est vrai, indépendamment des lésions précédentes, et comme cause du tétanos, une amputation du bras, une de la cuisse, deux opérations de cancer, une castration à droite.

On a coutume de considérer ces plaies opératoires comme des types de plaies par instrument tranchant. Avec cette idée on conçoit difficilement l'existence des désordres signalés précédemment sur les nerfs que renferment ces blessures. De courtes réflexions, cependant, suffiront pour établir qu'elles doivent être classées dans la catégorie des lésions nerveuses tétanogènes.

Sans parler des lacérations des nerfs que produit parfois le couteau, dans la taille des lambeaux, je ferai remarquer que la section de l'os, chez les amputés, ne représente nullement une incision simple. Les nerfs contenus dans le canal médullaire de l'os, ou logés dans des conduits osseux plus ou moints étroits, sont merveilleusement placés pour être, sous les dents de la scie, contus, déchirés, lacérés; de sorte que la plaie par amputation offre, tout à fait, dans sa partie osseuse, les conditions d'une plaie des nerfs par déchirure.

L'amputation dans l'article, en évitant l'action de la scie, n'évite pas les déchirures ni les taillades des ligaments, et par conséquents des filets nerveux rampant à leur surface.

Ce n'est pas tout. Les ligatures sont souvent fort nombreuses après l'amputation. L'hémostasie doit être faite avec précipitation, car le sang du patient doit être épargné. Or, si l'on isole assez bien l'artère principale, pour ne point comprendre, dans sa ligature, un filet nerveux (ce que n'évitait pas Larrey dans tous les cas), il n'en est plus de même pour les petites artères. On les saisit rapidement, et quelquefois, avec elles, le tissu qui les entoure. On n'oserait pas affirmer alors qu'il ne se trouve pas de filets nerveux sous la ligature. Parfois encore on voit le chirur-

2

gien saisir, dans les mors de sa pince, tous ces tissus, et tordre ces éléments tous à la fois. Ne sont-ce pas là des conditions entraînant manifestement avec elles la lacération et l'irritation des nerfs ?

D'après ces considérations, est-il étonnant qu'un tétanos éclate à propos d'une amputation ? Cette opération, érigée en méthode thérapeutique contre le tétanos traumatique, n'est elle pas irrationnelle ?

L'extirpation des cancers du sein, comme l'amputation d'un membre, ne donne pas lieu à une plaie simple par instrument tranchant. Le plus souvent, dans le temps de l'opération qui consiste à purger l'aisselle de ses ganglions malades, on aide l'action du bistouri par des manœuvres de déchirure. Il est fréquent, alors, d'avoir, sous ses doigts, des filets nerveux à nu, tiraillés, distendus, quelquefois rompus. Enfin, dans la ligature des vaisseaux, on doit craindre les mêmes accidents que dans l'amputation.

Les mêmes manœuvres s'emploient dans l'ablation du sarcocèle cancéreux. On doit en tirer les mêmes conséquences.

Ainsi, dans les plaies consécutives à une ablation de cancer, à une amputation de membre, comme dans toutes celles résultant d'une piqûre, d'un écrasement, d'une déchirure, qui ont coutume de produire le tétanos, on retrouve ce caractère universel de lésions nerveuses consistant en lambeaux mortifiés, en coagulums ou magmas sanguins, purulents, etc., jouant vis à vis des nerfs le rôle de corps étrangers, c'est-à-dire de véritables excitateurs.

Un autre ordre de faits bien remarquable donne un nouvel appui à notre opinion. Il ne s'est jamais rencontré une seule de ces sections nerveuses très-nettes, pratiquées fréquemment à l'occasion d'une névralgie rebelle, qui ait donné lieu à la complication tétanique. D'autre part, dans les faits, plus rares il est vrai, où cette méthode a été mise en usage contre le tétanos, on l'a vu produire le plus souvent un succès complet, ou, au moins, un arrêt marqué dans les symptômes de cette maladie. Mais combien une section nerveuse, ainsi pratiquée, ne diffère-t-elle pas des plaies précédentes?

Ici une incision faite avec précision sur les parties molles conduit directement sur le nerf. Celui-ci, soulevé avec précaution, est nettement divisé par le bistouri, ou mieux par des ciseaux très-tranchants. Les deux bouts sectionnés sont abandonnés dans la gaîne celluleuse du nerf. Toutes les parties molles divisées viennent recouvrir le nerf opéré. L'immobilisation et une douce compression combinent leurs effets pour s'opposer à toute irritation nerveuse et pour déterminer la prompte résorption du peu de liquides extravasés.

4° Nous trouvons encore une preuve de l'origine locale et nerveuse du tétanos, dans un certain nombre d'observations soigneusement examinées au point de vue *anatomo-pathologique*.

« Beaucoup, dit Lauriac (*Thèse de Strasbourg*, 1868) ont ren-
« contré des signes de phlegmasie dans le névrilème qui enve-
« loppe le cordon ou les filets nerveux. Friederich entre autres,
« dans trente autopsies environ, a toujours trouvé des traces
« d'inflammation sur les nerfs. »

Je me borne à cette citation. Je sais que, quelquefois, les recherches nécroscopiques n'ont rien fait découvrir. Mais comment s'opèrent-elles le plus souvent? et combien de fois fouille-t-on les filets nerveux qu'il serait le plus important d'observer (1)?

(1) L'observation de Lauriac, elle-même, qui paraît des mieux recueillies, se borne à signaler ce fait : « Les nerfs du dos du pied, poursuivis jusque « dans le tronc du sciatique, ne présentent aucune lésion ni grossière, ni « histologique. » Sans plus amples détails on en tire cette conclusion que le tétanos est, cette fois, indépendant de la lésion locale. — Et cependant c'est peut-être un des cas qu'il est le plus facile d'y rattacher. En effet, le malade se fait une contusion du dos du pied, le 18 octobre, avec une pointe de herse.

5° Enfin, la *physiologie expérimentale* à son tour vient unir sa voix à celles de l'anatomie pathologique, de l'étiologie et de la symptomatologie pour achever la même démonstration.

Brown-Sequard produit un tétanos en plantant un clou dans la patte d'un chien. Pour le faire cesser tout à coup, il divise les nerfs de la patte, c'est-à-dire, interrompt le courant incitateur centripète.

Cette expérience ne suffit-elle pas, à elle seule, pour démontrer : 1° la relation de l'état tétanique général et de la blessure ; 2° le passage de l'incitant tétanique par les nerfs.

De ces considérations il résulte :

Que le tétanos traumatique a sa source dans les nerfs de la blessure ;

Que la cause principale de cette complication réside dans la présence, sur un nerf ou dans son tissu, d'un corps étranger, ou de débris organiques irrités, mortifiés, agissant à la manière d'un corps étranger ;

Que, sous l'influence de ces agents, des courants de douleurs, de contractures, d'échauffement s'établissent dans les nerfs et retentissent dans le système nerveux central ;

Cela ne l'empêche pas de se livrer à ses travaux. Du 18 octobre au 8 novembre, c'est-à-dire pendant vingt jours, rien ne se produit. Le 21e jour le tétanos commence. On paraît, d'après l'observation, ne s'occuper en rien de la place de l'ancienne contusion avant le surlendemain ; le 2e jour du tétanos, on découvre donc sur le dos du pied, au niveau de la contusion (4e espace intermétatarsien), un abcès qu'on ouvre. Le tétanos poursuit sa marche et le malade meurt.

N'est-il pas évident que le mal local, la contusion, insignifiante d'abord, s'est accrue à la suite des travaux de ce cultivateur? Il est devenu, ce mal, un agent d'irritation pour les nerfs du pied, précisément quand s'est effectuée la transformation purulente des parties contuses. Le tétanos éclate en même temps que cette irritation locale se produit, et quand on s'aperçoit de cette dernière l'abcès est déjà formé.

Que cette incitation est la cause première du tétanos traumatique;

Que la blessure est donc, pour cette affection, ce qu'est l'élément de Bunzen pour l'appareil à induction. C'est le foyer producteur de courants qui vont se modifier et s'augmenter dans les multiplicateurs. En coupant les conducteurs de l'élément on supprime le jeu de la machine; de même, en sectionnant le nerf conducteur des incitations tétaniques, on supprime celles-ci et on suspend les désordres généraux du tétanos.

Telle est la raison de la névrotomie dans cette affection.

Loin de moi, toutefois, la prétention d'affirmer que toujours le tétanos chez les blessés suit le mode d'évolution que je viens de tracer. Le *jamais*, le *toujours* n'existent pas en médecine. Le tétanos, d'ailleurs, peut éclater *spontanément* et sous des influences diverses, en dehors de tout traumatisme. Ne serait-il pas illogique de soutenir qu'il ne puisse éclater de la même manière sur un blessé? C'est alors un tétanos spontané chez un blessé, et il peut se faire que la blessure ne joue aucun rôle dans sa production.

On peut arriver à reconnaître cette forme. Une investigation minutieuse du côté de la plaie et des cordons nerveux qui s'y rendent; le manque absolu de douleur locale et de toute irradiation par les nerfs de la partie blessée, les conditions atmosphériques ou autres au milieu desquelles le tétanos s'est produit, concourent à établir le diagnostic. Ce qui n'empêchera pas, en présence de la blessure, de tenir toujours en suspicion la *spontanéité* de l'affection.

Quittons le terrain théorique. Il n'est pas défavorable, comme on le voit, à l'opinion de Larrey et de Dupuytren, c'est-à-dire à la pratique de la névrotomie dans le tétanos. Laissons maintenant parler les faits. Eux aussi viennent affirmer la même opinion.

CHAPITRE TROISIÈME.

RELATION ET APPRÉCIATION DES FAITS DE SECTION NERVEUSE DANS LE TÉTANOS.

Ayant pratiqué moi-même la névrotomie contre un tétanos, et devant un succès manifeste à cette méthode, j'ai pensé qu'il y aurait avantage à édifier la science à son sujet. J'ai donc cherché, en fouillant dans les publications périodiques ou dans les faits inédits, à réunir tout le faisceau des observations pouvant s'y rapporter. Je puis aujourd'hui en relater un certain nombre, les soumettre à l'analyse et en exprimer les déductions.

§ I.

Observation I. — *Section du nerf sus-orbitaire*, par Larrey. — « Dans une charge de cavalerie, le lieutenant Markeski reçut un coup de lance sur le côté droit du front. La pointe de la lance avait glissé obliquement de bas en haut et en dedans, sous le péricrâne, de manière à pratiquer une félure profonde dans l'épaisseur de l'os frontal. L'une des branches nerveuses du surcilier avait été éraillée par le côté tranchant de la lance. Les neuf premiers jours se passèrent sans nul accident, et l'on avait considéré cette plaie comme simple ; mais dans la nuit du 9e au 10e jour, le tétanos se déclara avec des mouvements convulsifs aux paupières de l'œil correspondant, et perte de la vue dans cet organe. Il y avait un peu d'aberration mentale, douleur vive locale, serrement des mâchoires et disposition très-prononcée à l'emprosthotonos. Je fis appliquer d'abord les émollients sur le lieu de la blessure, et je mis le blessé à l'usage des boissons diaphorétiques et des opiacés. Ils ne produisirent aucun effet ; le mal allait en croissant et il n'y avait point de doute qu'avant la fin des vingt-quatre heures, il n'eût été porté au plus haut degré.

Je sondai la plaie et j'en reconnus bientôt tout le trajet : le passage de ma sonde causait les plus vives douleurs au malade. Ces motifs me conduisirent à couper de bas en haut avec le bistouri, et, à l'aide de la sonde cannelée, le muscle surcilier, les nerfs et les vaisseaux du même nom dans toute leur épaisseur ; ce qui se fit d'un seul coup.

Cet officier se trouva aussitôt soulagé, et en moins de vingt-quatre heures tous les symptômes tétaniques furent dissipés. »

Malheureusement cet officier fut pris, le 25e jour de sa blessure, de méningo-encéphalite et mourut. Larrey en fit la nécropsie.

Obs. II. — *Trismus et tétanos guéris par la névrotomie*, par un anonyme. — « Une femme de 44 ans, en nettoyant le four d'un boulanger, s'enfonça, à cinq heures du soir, un fragment de bois sous l'ongle du pouce droit. Bientôt après elle ressentit une violente douleur qui s'étendit le long de la partie dorsale du bras, à partir du pouce jusque dans la poitrine. Toute l'écharde, comme on le vit, n'avait pas été retirée. Environ une heure après l'accident, se déclarèrent tous les symptômes d'un spasme tonique. Le trismus fut bientôt suivi d'un tétanos, qui était complet quand arriva l'auteur, deux heures après l'invasion des premiers symptômes.

La malade ne donnait aucun signe de vie. Un examen attentif fit reconnaître sous l'ongle du pouce droit une petite portion qui provenait encore de l'écharde. Ce fragment fut extrait en enlevant l'ongle, et une incision transversale fut pratiquée avec plusieurs coups de bistouri, sur la partie dorsale du pouce, entre la racine de l'ongle et la première articulation jusqu'à l'os.

Un quart d'heure après, on pouvait déjà obtenir un léger écartement des mâchoires. Des cataplasmes émollients sur les masséters et sur le cou augmentèrent l'écartement de la bouche. (Lavement toutes les demi-heure avec infusion de valériane et 20 à 30 gouttes de teinture thébaïque ; frictions avec onguent mercuriel, huile de jusquiame et huile camphrée dans la région du cou et des masséters ; sinapismes sur les bras et sur les mollets.)

Au bout de deux heures, la malade ouvrit les yeux. Le spasme des mâchoires avait presque cessé. (Thé de valériane avec 15 gouttes de teinture thébaïque ; bain chaud de vingt minutes.)

Ce bain fut suivi de réaction. La peau, jusqu'alors froide, devint turgescente ; le pouls se releva ; les extrémités devinrent plus mobiles. La malade commença à articuler quelques paroles.

L'amélioration ayant continué jusqu'au lendemain (15 heures après l'accident), on donna à l'intérieur une infusion de valériane et de fleurs d'arnica avec de la teinture de rhubarbe. On fit des frictions le long du rachis avec une pommade d'extrait de belladone.

Les symptômes tétaniques disparurent promptement ; mais il survint une excitation fébrile avec des congestions vers la tête et la poitrine, de l'agitation et une excrétion peu abondante d'une urine d'un rouge foncé. (Pendant deux jours, médication alcaline avec extrait aqueux d'opium.)

Alors il se déclara un embarras gastrique, qu'un émétique fit bientôt disparaître.

Huit jours après l'accident, il ne restait plus qu'une grande faiblesse. L'extrémité du pouce possède et sa souplesse et sa motilité naturelles.» (*Gazette médicale de Paris*, 23 mars 1850, p. 226, extrait du journal allemand : *Medicinisches correspondenz-blatt bayerischer aerzte.*

Obs. III. — *Tétanos survenu à la suite d'une piqûre du pied et guéri au moyen de la section du nerf tibial postérieur*, par le docteur Murray (*Arch. de méd.*, 2e série, t. II, 1833, p.415). — « Guillaume Pile, officier de marine, âgé de 25 ans, au commencement d'une traversée d'Angleterre à Calcutta, s'enfonça par accident un clou rouillé dans la plante du pied, dans l'intervalle qui sépare le 1er et le 2e métatarsiens. Le lendemain matin, sur les huit heures, le trismus commença à se manifester ; la blessure datait de la veille au soir, à neuf heures, et cet officier n'en avait pas moins fait son service la nuit. On s'était borné à recouvrir la plaie d'un cataplasme. Une potion camphrée et opiacée à haute dose ne produisit aucun effet. Le resserrement des mâchoires augmentait, ainsi que la difficulté d'avaler. La contraction tétanique s'étendait aux muscles du cou. Le pouls battait 120. Le blessé était frappé de l'idée qu'il allait succomber. Après l'avoir fait transporter dans une chambre du vaisseau plus spacieuse et plus aérée, le docteur Lelie voyant la rapidité avec laquelle les accidents s'aggravaient, proposa la section du nerf tibial postérieur qu'on devait supposer avoir été lésé (dans quelques-unes de ses branches), d'après la situation et la direction de la plaie. Cette opinion ayant été adoptée, une incision longue d'un pouce et demi et dirigée verticalement fut pratiquée à un pouce au-dessus environ et en arrière de la malléole interne ; elle mit à découvert les vaisseaux de la jambe, et le nerf en fut ensuite séparé à l'aide d'une aiguille mousse. Ainsi isolé, ce nerf était très-gros ; son volume paraît double de ce qu'il est dans l état naturel. Sa couleur n'était pas altérée. On le divisa d'un seul coup de bistouri, et cette division fut extrêmement douloureuse. Avant cette opération, le resserrement des mâchoires était porté à un tel point qué le malade ne pouvait parler distinctement, et à peine le nerf fut-il coupé, qu'il ouvrit subitement la bouche en poussant un cri assez fort. Un changement aussi rapide et inopiné surprit beaucoup tous les assistants. Interrogé sur ce qu'il éprouvait : Je me trouve bien mieux, dit-il, je sens la vie renaître dans ma jambe. Il eut presque en même temps besoin d'aller à la selle. Il s'écoula peu de sang de l'incision pratiquée à la jambe ; on la réunit immédiatement à l'aide de bandelettes agglutinatives. La plaie du pied fut agrandie, mais l'amélioration si grande du malade empêcha de la cautériser comme on en avait eu d'abord l'intention. On la recouvrit d'un cataplasme arrosé de laudanum ; un purgatif fut administré. A peine replacé dans son lit, le malade s'endormit profondément sans avoir pris une nouvelle dose d'opium. Son sommeil se prolongea quatre heures sans interruption. A son réveil, tous les symptômes avaient encore diminué d'intensité. L'écartement complet des mâchoires pouvait avoir lieu sans trop d'efforts, la douleur de la plaie du pied était disparue, le membre avait repris sa force et son agilité ; il existait seulement un engourdissement à la plante du pied et au talon. Pour la nuit, on fit prendre la poudre suivante : R. pulv. opii., gr. ij ; pulv. camph., gr. XXIV. M. L'agitation et la céphalalgie qui se manifestèrent dans la nuit, firent pratiquer le lendemain une saignée de douze onces qui apporta le plus grand soulagement. Les jours suivants, les accidents diminuèrent de plus en plus d'intensité. Le quatrième jour après l'opération, le mieux était encore augmenté. La plaie du pied guérit rapidement, l'incision de la jambe ne se cicatrisa qu'au bout de quinze jours. Le blessé éprouva pendant quelque temps de l'engourdissement, avec insensibilité du gros orteil et du talon ; mais cette incommodité se dissipa graduellement et la guérison a été complète. » (*The London Med. and phys. journal,* mars 1833.)

OBS. IV. — *Guérison d'un tétanos par la section du nerf saphène interne.* (Obs. de Wood, *Gaz. des hôp.*, 1863, p. 519, et *British med. journal.*) — « Le 14 décembre 1869, par un temps froid, un homme vigoureux, âgé de 30 ans, d'habitudes modérées, tomba d'une hauteur de 3 mètres. Il y eut fracture de la jambe droite, avec issue des fragments à travers la plaie. Il ne fut pansé qu'après être resté une heure sur le sol. Le tibia et le péroné étaient brisés; l'on dut extraire quelques fragments.

Le 16, le malade se plaint d'un mal de gorge, dû, dit-il, au froid qu'il a éprouvé avant d'être pansé.

Le 17, il accuse des douleurs au cou, ainsi que dans les dents.

Le 18, M. Vood le trouva le cou et la tête renversés en arrière, les mâchoires serrées; il y avait des attaques de spasmes de temps en temps. (10 centigr. de chlorhydrate de morphine.)

Le 19, les spasmes ont continué; occlusion des mâchoires; sensation d'engourdissement dans l'autre jambe; on est obligé de remédier au déplacement des fragments que les convulsions ont produit. (Purgatifs, 5 centig. d'opium toutes les trois heures.)

Le 20, le spasme est revenu; le malade, extrêmement alarmé, frémit dès qu'on approche de sa jambe et même lorsqu'on marche dans la chambre.

M. Vood, voyant l'inutilité de l'opium (des applications opiacées avaient été faites), se demanda si, en coupant le nerf dont les rameaux étaient irrités par les fragments, on ne pourrait pas espérer de mettre fin à ces graves symptômes. Soupçonnant, vu le siége de la lésion, que le saphène était le nerf compromis, il pressa le long du crural antérieur, très-douloureux, jusqu'à ce que, arrivant à toucher la branche interne du saphène, le malade s'écria : « La douleur répond à ma plaie ! »

Sûr d'être dans la bonne voie, M. Vood divisa alors en travers ce tronc nerveux; à ce moment, le patient s'écria qu'il ressentait quelque chose dans la plaie, ainsi qu'à l'extrémité des orteils. L'opium fut continué à forte dose.

Depuis l'opération, aucun spasme ne reparut, si ce n'est, le cinquième jour, un tressaillement causé par quelque rêve. Tout, d'ailleurs, marcha favorablement, et la guérison peu à peu fut complète. »

Obs. V. — *Section du médian au-dessus du poignet pour un cas de tétanos*, par Fayrer. (Extrait du *British medical journal*, 1863, et de la *Gaz. des hôpitaux.*) — « Un jeune brahmine, de 22 ans, entre à l'hôpital de Calcutta, le 3 novembre 1862.

Huit jours auparavant, des éclats de bambou s'étaient accidentellement enfoncés dans sa main, au niveau de l'éminence thénar.

Des douleurs ne tardèrent pas à se manifester en ce point, et la suppuration s'y établit. Dès les trois premiers jours, le pouce et les trois doigts voisins étaient pris de contractions spasmodiques, lorsque le malade les étendait. Le bras n'avait point de spasmes, l'épaule gauche était douloureuse, le trismus incomplet, car il permettait à un manche de couteau de s'introduireentre les mâchoires.

Fayrer incise la paume de la main et enlève un éclat de bois long d'un pouce. Un lavement d'huile de ricin et dix centigrammes d'opium sont administrés dans la journée.

Le 4 novembre, les contractions n'ont pas cessé ; le trismus est plus accusé ; des spasmes éclatent fréquemment dans le dos. Le plus léger attouchement suffit pour déterminer des contractures dans le bras, le dos et la mâchoire.

Le chirurgien prescrit : une potion avec la teinture de chanvre indien et le chloroforme, un lavement riciné et térébenthiné, des cataplasmes laudanisés ; enlève un deuxième éclat de bambou et sectionne le médian au-dessus du ligament annulaire.

Il n'en résulta aucun effet sur le moment. Six heures après l'opération, un léger engourdissement est accusé dans les doigts ; la main et le bras sont douloureux ; mais les contractures qui s'y produisent sont moins fortes.

Le 5, il n'y avait plus de trismus ni de rigidité du cou. Les contractures du bras et de la main persistaient, mais moins violentes. Le chanvre indien, l'opium, le chloroforme sont continués jusqu'au 9 novembre.

Le 12, un nouvel abcès s'étant formé dans la main, on l'ouvre et on enlève un troisième éclat de bambou.

Les contractures locales cessent à partir de ce moment. Les doigts fléchis restent rigides encore quelques jours. Puis, le malade sort de l'hôpital le 28 novembre. Il étendait les doigts sans trop de peine et commençait à en recouvrer l'usage.

Fayrer pense que l'arrêt du tétanos est dû à la section plutôt qu'aux remèdes employés. »

Obs. VI. — *Section du nerf médian pour un tétanos consécutif à une plaie contuse de la main ; guérison du tétanos ; régénération, au 19e mois, du nerf divisé ;* par M. Létiévant. — Le 21 décembre 1867, je trouvais, au no 83 de la salle Saint-Louis, un jeune cultivateur, âgé de 26 ans, du nom de Joseph Gaillard, atteint de tétanos traumatique.

Il avait, à la main gauche, une plaie contuse datant de 19 jours, résultant d'un éclat de fusil et intéressant surtout les régions palmaires du pouce et de l'index, très-légèrement celle de l'éminence thénar.

La lésion était à cette époque insignifiante par elle-même ; mais l'ensemble des symptômes tétaniques était des plus inquiétants.

Une contracture permanente des muscles antérieurs de l'avant-bras maintenait la main dans un état de flexion forcée. Des douleurs sourdes accompagnaient cette rigidité locale.

Le trismus était très-marqué. C'est à peine si les mâchoires s'écartaient assez pour permettre au malade d'engager la pointe de la langue entre les arcades dentaires.

Le faciès avait une expression sardonique.

La nuque était rigide, et la tête du malade, renversée, s'enfonçait dans l'oreiller.

Les lombes étaient soulevées et sous leur cambrure pouvait se glisser la main.

De temps en temps, de subits redoublements dans la contracture de la main et de l'avant-bras donnnaient à la douleur qui accompagnait ce symptôme une acuité nouvelle. Ces paroxysmes locaux étaient le signal d'un redoublement semblable dans la rigidité douloureuse des tempes, de la nuque et du tronc. A ces moments le malade poussait des cris sourds et plaintifs.

Le pouls battait 68 pulsations ; la peau était chaude et moite ; la déglutition difficile rendait impossible l'ingestion des potions et des aliments ; l'appétit était nul, les selles rares. La respiration, de rhythme irrégulier, s'effectuait sans autre trouble notable. Les réponses étaient brèves, saccadées et fatigantes pour le patient.

La contracture du membre supérieur gauche, survenue le douzième jour de la blessure, n'avait fait qu'augmenter. A la même époque, les spasmes toniques s'étaient étendus au tronc et avaient pris graduellement une accentuation plus manifeste.

Le tétanos durait depuis sept jours. Ses symptômes avaient résisté à tous les moyens employés pour les combattre. Ils avaient atteint un degré d'intensité extrême.

Poursuivant le traitement établi (je voyais le malade pour la première fois), je répétai dans la journée l'injection d'atropine qui avait produit quelque amélioration les jours précédents, mais dont l'efficacité était douteuse depuis la veille. Je fis naître ainsi, à trois reprises, les symptômes physiologiques résultant de l'emploi de ce médicament ; mais je n'obtins auc e diminution dans l'intensité des contractures, ni dans la répétition des paroxysmes.

Le lendemain 22 décembre, je résolus de pratiquer la section du médian.

Le malade me parut dans les meilleures conditions locales pour entreprendre cette opération. Sa blessure était limitée à la région de la main innervée spécialement par le médian. De là partait l'*aura tétanique* pour se propager à la moelle, en suivant le trajet de ce nerf. Sectionner ce dernier, c'était faire cesser l'influence morbide émanant de la plaie.

Où devais-je pratiquer l'opération ? Au dessus du poignet, je la considérais comme devant être d'une efficacité douteuse. Il y avait en effet, cette contracture *permanente* de la main et des doigts qui trahissait nettement un état d'irritation du nerf. Cet état existait jusqu'au-dessus de l'origine des rameaux nerveux allant aux fléchisseurs contracturés, c'est-à-dire jusqu'au bras. Je ne pouvais faire que des suppositions au sujet de la nature de cette irritation du nerf médian, mais il m'était commandé du moins d'en tenir compte.

Je choisis donc, pour la section, la partie supérieure du bras, pensant ainsi sacrifier une part suffisante du nerf à la terrible complication.

Le même jour, à neuf heures du matin, je fais endormir le malade, et je pratique, près du tiers supérieur du bras, sur le trajet du médian, une incision de 25 millimètres de longueur, intéressant la peau, le tissu cellulaire et l'aponévrose d'enveloppe. La gaîne nervoso-vasculaire ouverte me permet de reconnaître le nerf placé au-devant de l'artère qui le soulève à chaque pulsation. Deux veines situées sur ses côtés me confirment son identité. Je le dépouille de sa couche celluleuse, le charge sur une sonde cannelée et le divise d'un coup de ciseaux.

Au moment où je soulevai le nerf, la contracture augmenta dans les muscles de l'avant-bras et le retentissement se produisit sur le tronc, bien que l'anesthésie du malade fût complète. Aussitôt après la section, tout rentre dans le calme. La main se défléchit, les doigts se détendent, en conservant cependant ce défaut de souplesse et cette flexion habituelle à la main du manouvrier.

Cependant, ni le trismus ni l'opisthotonos ne cessèrent. Il était, il est vrai, difficile d'apprécier exactement leur intensité, le malade restant encore sous l'influence de l'éther.

Je rapprochai, au moyen de bandelettes de diachylon, les lèvres de la plaie et remis à plus tard l'examen minutieux de l'opéré.

A quatre heures du soir, l'influence de l'éther avait cessé. A ce moment, les mâchoires s'écartent un peu ; le cou est moins raide. La dysphagie persiste : le malade s'obstine à ne vouloir boire que de l'eau panée. Une sueur générale inonde son corps. Le pouls est à 68.

Pendant que j'explore la main, deux ou trois contractions se produisent dans le membre et retentissent péniblement dans le tronc ; mais elles ne sont nullement à comparer, par leur caractère, à celles qui avaient lieu la veille et le matin même.

Depuis l'opération, il s'était produit sept à huit fois, à intervalles éloignés, du côté de la main et de l'avant-bras, une vague sensation de *gonflement*, au lieu des douleurs vives que le malade y éprouvait antérieurement.

Les 23 et 24 décembre, l'état de l'opéré s'améliore considérablement ; les mâchoires s'écartent beaucoup plus ; le cou s'est *dégagé*, suivant l'expression du patient, il peut le mouvoir à son aise. La raideur du tronc a presque totalement disparu et le malade peut se *plier* dans son lit.

Aucun autre traitement n'avait été institué. La boisson panée et les bouillons étaient les seules substances ingérées. La moiteur avait été entretenue par l'application de couvertures de laine et la main constamment enveloppée de cataplasmes de farine de lin.

Le soir du troisième jour, un incident menaça de compromettre le succès déjà si prononcé. Pendant une séance d'exploration faite dans un but physiologique sur la main de l'opéré, le membre supérieur gauche resta à découvert pendant près de trois quarts d'heure et le patient fut fatigué de questions.

Une demi-heure après, des douleurs s'éveillent dans le bras ; une vive agitation accompagnée de soif ardente se manifeste et persiste fort avant dans la nuit. Elle fait place, enfin, vers une heure du matin, à un calme profond suivi de sueurs abondantes.

Cet accès de fièvre eut pour effet de ranimer l'excitation morbide de la moelle. Aussi, à ma visite du matin, je trouvais le trismus reparu, le cou et le tronc enraidis de nouveau ; le pouls à 61, la peau chaude et haliteuse.

Je craignis que le tétanos, malgré la section nerveuse qui avait supprimé le foyer du mal, ne reprit sa marche envahissante.

Il n'en fut rien.

Les contractures musculaires diminuèrent avec assez de rapidité dès le jour même.

Le 26, je fus obligé de m'absenter; le trismus persistait toujours.

A mon retour, le 22 janvier 1869, j'appris que ce symptôme avait duré trois jours encore, mais léger ; qu'une complication inflammatoire mal définie s'était produite du côté des organes pulmonaires et avait nécessité une médication active.

Je revis mon opéré. Il était debout dans la salle, accusant un peu de faiblesse des membres inférieurs et un léger malaise général. Mais il n'avait plus aucun symptôme ni de tétanos ni de complication thoracique.

Sa main offrait les caractères de ce que j'ai appelé la motilité et la sensibilité suppléées, tels qu'on les observe après la section du médian, au bras. Elle conserva ces caractères plus de 9 mois encore. Au 19e mois, je la retrouvai avec une sensibilité et une motilité redevenues parfaites, ce qui annonçait manifestement une régénération du médian précédemment divisé. (Voir pour les détails mon mémoire sur les *Phénomènes physiologiques et pathologiques consécutifs à la section des nerfs du bras*, p. 12 et suivantes, année 1869.)

Obs. VII. — *Tétanos consécutif à un écrasement de la main ; section des nerfs cubital, médian et radial au-dessus du poignet ; mort.* — Jean-Marie Philibert, 46 ans, meunier à Saint-Pierre-le-Vieux, eut la main prise dans un engrenage de moulin le 23 décembre 1868. Il fut transporté à l'Hôtel-Dieu de Lyon, salle Saint-Philippe, le 28 décembre, cinq jours après son accident. On s'aperçut, ce jour, que les doigts commençaient à se gangréner.

Sur le refus du malade de subir une amputation du poignet, on se borna à lui enlever le 1er, le 2e et le 3e doigts, avec une portion des métacarpiens correspondants.

Peu de jours après, le tétanos éclate. Ses premiers symptômes sont caractérisés par des douleurs très-vives, partant de la plaie, parcourant le bras et gagnant la mâchoire et les reins. Il en résultait une contraction tonique des masséters et des muscles du dos, le trismus et l'opisthotonos.

Ces symptômes se répétèrent de cinq en cinq heures environ, la première nuit, puis le lendemain, puis la nuit qui précéda l'opération.

Le traitement mis en usage consista en bains de vapeurs dans le lit, à l'aide de la chaux vive, et en fortes doses d'opium.

La section nerveuse fut faite le matin du deuxième jour. Le malade avait été porté à la salle d'opération et anesthésié par l'éther.

On divisa le médian à 2 centimètres au-dessus du ligament annulaire du carpe, après une incision de 3 à 4 centimètres de longueur qui conduisit entre le grand et le petit palmaire. En écartant les tendons de ces deux muscles, le nerf fut mis à découvert, chargé sur une sonde et sectionné d'un coup de ciseaux. Le cubital fut divisé à côté de l'artère de ce nom, à 2 ou 3 centimètres au-dessus du niveau de l'apophyse styloïde du cubitus. Le nerf radial fut sectionné sur la région externe et inférieure du radius, au point où sa branche principale le contourne. Un bain de vapeur, au lit, fut de nouveau administré au malade dans la journée.

Le premier jour, il y eut peu de changement dans l'état du malade. Les deux jours suivants, il y eut un amendement marqué dans la marche du tétanos. On considéra la guérison du malade comme probable. Cependant le quatrième jour l'affection tétanique reprit une intensité nouvelle dans ses symptômes, et la mort survint au septième jour, le 9 janvier 1869, à six heures du matin.

Obs. VIII. — *Tétanos au 10e jour d'une plaie contuse de la jambe; section des nerfs sciatique poplité externe, crural et fémoro-cutané; mort.* (Observation recueillie par M. Daniel Mollière.) — Un jeune homme de 29 ans, miroitier à Lyon, de constitution vigoureuse, fit une chute sur le pavé, le matin du 20 octobre 1869. Pansé immédiatement, au moyen de compresses d'arnica, par un pharmacien de la ville, il se rendit ensuite à l'Hôtel-Dieu de Lyon où il fut admis au n° 14 de la salle Saint-Louis.

On constata, ce jour, sur la région antéro-externe du genou droit, une plaie de la largeur d'une pièce d'un franc, à bords déchiquetés, contus, intéressant toute l'épaisseur de la peau et se prolongeant dans le tissu cellulaire situé sous le ligament de la rotule.

Par crainte de la pénétration de la plaie dans l'articulation, on pratiqua l'occlusion de la solution de continuité à l'aide d'une forte couche de coton fixée par du collodion. Le membre entier fut placé dans une gouttière destinée à le maintenir en immobilité absolue.

Le lendemain il n'y avait ni douleur ni réaction de la blessure sur l'organisme.

L'état général et local se conservent parfaits jusqu'au 29 octobre, neuvième jour de l'accident.

Le matin du 29, on apprend que la nuit a été un peu agitée. Le malade accuse un peu de raideur dans la nuque. Un léger trismus est constaté. Le pouls bat 104 pulsations; la température est à 38°.

L'inspection de la plaie montre : à sa surface, une suppuration un peu fétide, médiocrement abondante ; au-dessous, une couche de bourgeons charnus de bonne nature. Depuis le matin, le malade y ressent quelques douleurs. On constate que la jointure ne présente aucun symptôme d'inflammation.

Pansement avec un plumasseau de charpie imbibé de laudanum. Conservation de l'immobilisation. Le malade est entièrement enveloppé dans du coton et de la laine. Des boissons diaphorétiques sont administrées abondantes et chaudes. Potion avec 4 grammes d'acétate d'ammoniaque.

4 heures du soir. La température est à 39 3/5. Malgré une sudation abondante, le trismus et la raideur du cou persistent et sont plus accusés. Il s'y joint quelques contractures intermittentes légères de la paupière supérieure, et un peu de dilatation de la pupille du même côté.

La plaie est toujours douloureuse. On la cerne par deux incisions courbes, l'une en dedans, l'autre en dehors, chacune distante de 1 centimètre de ses bords. Malgré ces incisions, la sensibilité à la douleur n'est pas éteinte. Potion avec 10 grammes de bromure de potassium. Enveloppement de laine. Douches d'éther pulvérisé de 35 minutes de durée sur les régions contracturées, à 4, 10, 12 heures de la nuit, et à trois heures du matin.

Un peu de soulagement semble résulter, au début, de l'emploi de ce dernier moyen. A la fin, cependant, sous la douche même des secousses tétaniques se produisent dans le tronc, le cou et les mâchoires, arrachant des cris au patient. Les pupilles, égales, sont moyennement dilatées ; la paupière gauche est abaissée.

Dans le but de faire cesser l'influence possible de la plaie sur cet état général, on pratique la section du nerf crural dans le pli de l'aine, du poplité externe dans le creux poplité, du nerf inguinal externe près de l'épine iliaque antéro-supérieure. Ces opérations, faites pendant le sommeil anesthésique, amènent une légère détente dans la rigidité générale. Le trismus surtout a diminué.

Cette amélioration ne dura pas. A quatre heures du soir, la température était à 40 4/5 ; le pouls à 120, petit, irrégulier ; les battements du cœur, sans bruits anormaux, mais très-irréguliers. Les contractures offraient des exacerbations de plus en plus fréquentes et douloureuses.

On produisit pendant quelques heures encore un peu de calme en maintenant une sorte d'ivresse par des inhalations de vapeurs d'éther.

Cependant tous les symptômes s'aggravèrent et le malade mourut à onze heures de la nuit. Son tétanos n'avait pas duré 48 heures.

L'autopsie partielle put être faite. Elle apprit que la plaie, par un cul-de-sac sinueux, conduisait sur la tubérosité antérieure du tibia mise à nu, contuse et enflammée ; que l'articulation du genou n'était en rien altérée et que la plaie n'avait pas été pénétrante ; que les sections nerveuses avaient été très-complètes ; que le cerveau était très-congestionné et que la moelle devait l'être probablement, car une abondante quantité de sang s'écoula par le canal rachidien au moment où l'on enleva le cerveau.

Obs. IX. — *Section des nerfs médian, cubital et radial pour un tétanos ; mort.* — Un malade portant, à la région palmaire, une blessure par arme à feu, presque cicatrisée, fut pris de trismus. L'opium, puis le bromure de potassium, furent les médicaments employés les huit ou neuf premiers jours. Des contractures s'étant manifestées dans l'avant-bras, le bras et le cou, on fit la section d'abord du médian au milieu du bras. Les contractures diminuèrent notablement. Quelques heures après, je fis, dit l'auteur, la section du cubital à laquelle succéda un calme presque complet. Je fus néanmoins obligé de sectionner le radial pour que toute contracture disparût. Après cette section, le calme fut complet, mais le trismus persista au même degré. Température 38 1/10 les deux jours suivants. « Quatre jours après l'opération, la température s'éleva, et sans que le trismus eût augmenté, le malade fut pris de délire et mourut au cinquième jour (1). »

§ II.

Appréciation des faits précédents.

En résumé, j'ai pu réunir 9 observations de section nerveuse pour tétanos. Sur ce nombre il y a eu 6 succès, 3 insuccès.

Analysons d'abord les faits de la première série, nous leur comparerons ensuite ceux de la seconde, les trois cas malheureux.

(1) Je ne puis rapporter aucun détail concernant le fait de Maunder qui vient de se produire à Londres. Aussi je n'en tiens aucun compte dans ce travail.

1° Efficacité de la névrotomie dans les faits de la première série.

La plus grande part du succès dans les six premières observations revient à la névrotomie. Il suffit pour s'en rendre compte d'en faire une très-brève appréciation.

L'officier de Larrey, dont le mal s'accroissait rapidement malgré les diaphorétiques et les opiacés mis en usage, « se trouva » après l'opération « aussitôt soulagé et en moins de 24 heures « tous les symptômes tétaniques furent dissipés. » Larrey, lui-même, fut émerveillé du résultat. « Nul doute, » disait-il, avant l'intervention « que quelques heures plus tard, le tétanos n'eût acquis son maximum d'intensité. » La vie de ce malade était en conséquence gravement compromise. Il est donc vrai de reconnaître que Larrey dut, cette fois, à la névrotomie, un de ses plus brillants succès.

Sur la malade de l'anonyme, un quart d'heure après l'opération un léger écart des mâchoires était déjà possible. Après deux heures, le trismus a presque cessé. Le lendemain, tous les symptômes tétaniques disparaissent.

S'il est juste d'accorder une certaine influence à la thérapeutique active mise en usage après l'opération (bains, opium, etc.), on ne saurait méconnaître, cependant, les bons effets dus à l'intervention chirurgicale, puisqu'ils se sont fait sentir presque immédiatement (un quart-d'heure après).

On ne mettra point sur le compte de l'opération la congestion céphalique et pulmonaire du troisième jour, ni l'embarras gastrique survenu plus tard ; ces complications, d'ailleurs, n'empêchèrent nullement la guérison d'être complète le huitième jour.

Relativement à l'officier dont parle Murray, l'efficacité de la section nerveuse est si évidente qu'elle rappelle pour ainsi dire, celle de l'expérience citée de Brown-Sequard.

Le tétanos a éclaté depuis quelques heures seulement. Sa marche est rapide. Les mâchoires, le cou, le pharynx sont violemment contracturés ; le trismus est porté à ce point que le patient ne peut parler distinctement. — Le nerf est à peine coupé que le malade pousse un cri et écarte subitement les mâchoires. « Je me sens bien mieux, dit-il, je sens la vie renaître dans ma « jambe. » Replacé dans son lit, il s'endort profondément d'un sommeil prolongé de quatre heures. A son réveil, tous les symptômes ont encore diminué d'intensité. Les mâchoires s'écartent presque sans effort.

On le voit, la violence des accidents est ici brusquement interrompue. La différence d'état avant et immédiatement après l'opération est prodigieuse. Avant, l'orage est extrême; après, le calme s'établit; à un sentiment de bien-être succède un sommeil bienfaisant et la guérison est presque terminée.

Je dis *presque* terminée. C'est qu'en effet, il faut quelques jours encore pour que tout ait repris sa physionomie normale dans cet organisme profondément ébranlé. La raideur des mâchoires, l'agitation, la céphalalgie, l'engourdissement de la jambe réclament quelques soins encore pour se dissiper complètement.

L'empreinte tétanique imprimée au corps vivant qu'elle atteint est telle qu'on ne la voit jamais cesser en quelques minutes. C'est peu à peu, graduellement, lentement qu'elle s'amoindrit, s'affaiblit et s'efface. Cette loi, nous la retrouvons dans toutes nos observations.

De même que dans les cas précédents, l'efficacité de la section nerveuse sur le malade de Vood ne saurait être contestée.

Au quatrième jour de la fracture de la jambe le tétanos a acquis une grande intensité. Les phénomènes réflexes sont tels qu'un mouvement, un bruit portent les spasmes à leur paroxysme. A ce moment, Vood divise le nerf en travers. Aussitôt le patient en ressent l'effet dans sa plaie, et depuis l'opération aucun spasme ne reparaît.

Il est fâcheux que l'auteur n'ait pas insisté ici sur l'état du malade dans les premières heures qui suivirent l'opération, cela aurait permis une comparaison exacte des symptômes existants *avant* et *après* la section nerveuse. Néanmoins, les dernières phrases de l'observation sont assez explicites pour faire reconnaître, comme principal caractère de l'intervention chirurgicale, l'instantanéité et la persistance du soulagement obtenu.

L'opium, administré à haute dose à ce malade, a-t-il joué un rôle dans la guérison ?

Je ne veux pas lui contester une part du succès ; mais je ferai remarquer que ce médicament ayant été sans effet *avant* l'opération, il ne serait pas judicieux de lui attribuer la brusque amélioration survenue *après* elle.

Remarquons encore, à propos de ce fait, le spasme reproduit le cinquième jour, à la suite d'un rêve ; ce qui vient à l'appui de la loi générale que je signalais précédemment concernant l'empreinte tétanique.

Le bramine de Fayrer (obs. v[e]) était arrivé, le neuvième jour de son accident, à un degré des plus violents du tétanos. Le trismus était très-fort ; les spasmes se multipliaient dans le dos ; le plus léger attouchement suffisait à déterminer des contractions dans le bras, le dos et les mâchoires.

Le médian est divisé. Six heures après, les contractions du membre sont moins fortes. Le lendemain, le trismus, la rigidité du cou ont disparu.

Remarquons ici que la décroissance des symptômes tétaniques s'est faite plus graduellement que chez les opérés de Murray et de Vood. Il a fallu un jour, comme dans le cas de Larrey, pour que la cessation du trismus et des contractures du dos fût comète.

Ce qui persiste est une contracture locale du bras entretenue par un éclat de bambou caché profondément dans la blessure et qui irrite, sans doute, quelques filets du cubital. Au huitième jour, d'ailleurs, tout est terminé.

La médication, avant la névrotomie, avait été très-active (opium, chloroforme, chanvre indien, extraction de corps étrangers). Elle fut continuée très-active, après. Une part d'influence lui revient, sans doute, dans le succès. Mais la suppression en vingt-quatre heures, *après l'opération*, du trismus et de la rigidité du cou et du dos, est assez frappante pour qu'on lui attribue ce résultat plutôt qu'à une médication restée jusque-là sans effet.

Dans l'observation sixième, il serait difficile de ne pas attribuer à la section nerveuse la diminution considérable qui s'est produite dans les symptômes tétaniques.

Il s'agit, en effet, d'un tétanos datant de sept jours qui n'a fait que s'accroître et a résisté à un moyen énergique, les injections d'atropine.

La section du médian est pratiquée. On voit de suite les contractures locales disparaître. Dès le soir, les symptômes généraux s'amendent. Le troisième jour, le malade *plie* son tronc, *soulève* sa tête, ce qui est un résultat considérable.

Le refroidissement survenu à cette période a pour principal effet la production d'un accès fébrile. Cet accès réveille quelques contractures dans les mâchoires et dans le tronc. Mais, ces symptômes diminuent dans la journée, et si le trismus persiste, peu intense, trois jours encore, il finit par disparaître tout à fait.

L'amendement dans les symptômes du tétanos, observé dès les premiers jours de la section, paraît d'autant mieux dépendre de la névrotomie, dans ce cas, qu'il n'y a pas possibilité d'en faire honneur, cette fois, à l'intervention médicamenteuse.

On n'a rien administré au malade pendant les cinq premiers jours; il ne voulait rien prendre, si ce n'est du bouillon et de l'eau panée. Ce ne sont certainement pas là deux substances de haute efficacité curative.

Le malade a été tenu chaudement, sans exagération pourtant. Il était enveloppé de couvertures de laine et maintenu constamment en moiteur. Ce moyen n'est, en général, pas suffisant pour guérir un tétanos.

Fera-t-on honneur du succès à l'anesthésie par l'éther? D'abord, cette anesthésie n'a duré que pendant l'opération, c'est-à-dire, quelques minutes. Ensuite, nous savons que l'éther et le chloroforme en inhalation se sont montrés parfaitement inefficaces dans la cure des tétanos traumatiques contre lesquels on les a employés jusqu'à ce jour.

Je ferai remarquer encore, à propos de ce fait, que le tétanos, comme dans les observations précédentes, conserve une allure lente dans sa marche vers la guérison. Il se prolonge quelques jours encore. Une inflammation des bronches ou des poumons vient compliquer la situation et contribue, peut-être, à entretenir les excitations réflexes de la moelle.

En résumé, dans les six faits précédents l'efficacité de la section nerveuse contre les accidents tétaniques ne paraît pas sérieusement contestable. Toujours cette opération a arrêté la marche ascendante du mal (ce qui s'observe même dans les insuccès dont je m'occuperai bientôt). Toujours, sous son influence, le tétanos a suivi une phase progressivement décroissante pour aboutir à la guérison. De même, dans certaines affections (la maladie psorique par exemple), l'intervention locale (friction savonneuse et sulfureuse) détruit en quelques minutes la vraie cause du mal (l'acarus scabiei); mais l'appareil symptomatique soulevé par cette cause dans l'organisme (l'éruption), réclame quelques jours encore et quelques soins pour disparaître tout à fait.

2° Inefficacité de la névrotomie dans les faits de la seconde série; son explication.

Dans les observations septième, huitième et neuvième rapportées plus haut, la névrotomie a été inefficace et les trois malades ont succombé au tétanos.

D'où vient cette différence dans le résultat? Pourquoi la même méthode, curative ici, reste-t-elle sans influence dans un cas à peu près pareil?

La comparaison des deux ordres de faits nous donnera l'explication rationnelle de ce phénomène.

A. — La cause des résultats heureux ou malheureux de la névrotomie ne paraît point résider dans la *nature des lésions* qui ont occasionné le tétanos.

En effet, si du côté des insuccès on note :

Une plaie contuse de la jambe;

Une plaie de la main par écrasement;

Une blessure du même organe par un éclat de fusil;

Du côté des succès on compte :

Un coup de lance au front, ayant intéressé le nerf surcilier (Larrey);

Un fragment de bois enfoncé sous l'ongle du pouce droit (anonyme);

Un clou rouillé enfoncé dans la plante du pied, dans l'intervalle qui sépare le premier du deuxième métatarsien (Murray);

Une fracture de jambe droite avec issue des fragments à travers la peau (Vood);

Des éclats de bambou enfoncés dans la main au niveau de l'éminence thénar (Fayrer);

Une plaie contuse, par éclat de fusil, de la face palmaire des trois premiers doigts de la main et de l'éminence thénar (Létiévant).

Dans l'une et dans l'autre série, les accidents se valent.

B. — La *date* d'invasion du tétanos, pas plus que sa *marche*, n'expliquent le succès ou l'insuccès.

Ici, le tétanos se produit de suite (anonyme);

La onzième heure (Murray);

Les premiers jours (Vood, Fayrer);

Le neuvième jour (Larrey) ;

Le douzième jour (Létiévant).

Là, les huitième et dixième jours (VIIe et VIIIe observations).

La *marche* très-rapide dans les cas heureux de Larrey, de l'anonyme, de Murray, plus lente dans celui de Vood, plus lente encore dans ceux de Fayrer et de Létiévant, est suraiguë dans le fait du miroitier emporté dans quarante-huit heures (VIIIe obs.) et lente dans celui du meunier mort le huitième jour (VIIe obs.)

C. — La *date de l'opération* après l'invasion du tétanos paraît avoir eu une certaine influence sur les résultats de la section nerveuse. Ainsi lorsqu'elle a été pratiquée dès le début du tétanos (Ire, IIe et IIIe obs.), elle a produit des effets beaucoup plus marqués, surtout beaucoup plus instantanés. Quand l'opération s'est faite tardivement, l'amélioration s'est opérée avec plus de lenteur.

Cependant, dans les insuccès (VIIe et VIIIe obs.) elle a été pratiquée à une époque assez rapprochée du début, le deuxième jour d'invasion du tétanos. Ce n'est donc pas là une raison du succès définitif de la névrotomie.

D. — La manière dont débute le tétanos et, surtout, certains symptômes accompagnant son évolution, le mode d'opération mis en usage, le nombre des nerfs divisés, servent à découvrir la raison du succès ou de l'insuccès.

Dans la première série, trois fois le tétanos se déclare avec des symptômes convulsifs locaux accompagnant le trismus et les contractions du tronc. Ici ce sont des mouvements convulsifs aux paupières de l'œil correspondant à la plaie (Larrey). Là, ce sont des contractures dans la main et l'avant-bras (Fayrer, Létiévant).

Dans le dernier de ces cas, les exacerbations de l'état local retentissent sur le tronc et les mâchoires, dont elles augmentent les contractures. Il y a évidemment là un rapport direct entre le mal local et l'état général.

Dans ce même fait, le groupe musculaire contracturé à l'avant-bras appartient au médian; c'est ce nerf qui est irrité, à l'exclusion de tout autre ; c'est lui qui doit être divisé.

Fayrer se laisse diriger par un raisonnement semblable, et Larrey, frappé autant des spasmes des paupières que de la douleur aiguë occasionnée par le passage de sa sonde cannelée, se décide à pratiquer sa section nerveuse.

On ne saurait contester qu'il n'y aît eu dans tous ces cas une indication très-précise d'agir comme on a fait et de diviser tel nerf plutôt que tel autre.

Le malade de Vood, lui aussi, a offert une particularité importante : soupçonnant que le saphène était le nerf compromis, Vood pressa le long du crural antérieur, jusqu'à ce que arrivant à toucher la branche interne du saphène, le malade s'écria : « La douleur répond à ma plaie ! »

Sûr d'être dans la bonne voie, le chirurgien divise ce tronc.

Voilà un signe particulier très-précieux. A lui seul il désigne le nerf coupable de transmission de l'incitant tétanique aux centres nerveux. D'autres nerfs pourtant sont compromis dans une fracture compliquée de jambe. Mais Vood ne songe même pas à s'attaquer à eux, tellement lui paraît évidente et impérieuse l'indication de diviser le saphène.

Sur les malades de l'anonyme et de Murray, il n'y avait ni la contracture locale, ni le signe de Vood. Mais, dans le premier cas, la présence d'un corps étranger et l'existence d'une douleur horrible au doigt qui le portait, motivaient suffisamment l'intervention opératoire. Dans le second cas, la blessure, douloureuse aussi, et produite par un clou dont la direction indiquait une lacération d'un rameau nerveux du tibial postérieur, autorisait pleinement la conduite tenue par Murray.

Sans insister davantage sur l'indication si précise d'intervenir par la névrotomie dans les faits précédents, j'ajouterai que cette opération fut pratiquée, chaque fois, sur un *seul* nerf : celui que signalaient les symptômes ou signes ; qu'elle fut faite avec les plus grands ménagements, comme on le voit dans les observations de Murray et de Létiévant, les seules où l'opération soit décrite ; que dans ces cas elle donna lieu simplement à une plaie petite, insignifiante, incapable d'ajouter une augmentation notable au traumatisme déjà existant.

Pour les trois insuccès, on constate des différences essentielles sous ces divers points de vue.

Le sujet de la septième observation avait des douleurs locales très-vives qui, de temps en temps, parcouraient le membre supérieur pour retentir sur les masséters et les reins. L'aura, dans ce cas, existait donc manifestement et l'indication de la section nerveuse était des plus précises. Afin de supprimer plus sûrement toute influence de la blessure sur l'état général, on se décida à diviser les trois nerfs, médian, cubital et radial, au-dessus du poignet.

Cette opération ne fut pas sans bons effets. Pendant trois jours elle enraya et même amenda notablement la marche du tétanos. Cependant, le quatrième jour, le mal prit un nouvel essor, redevint intense et se termina fatalement le huitième jour.

Voici comment on peut expliquer ce retour et cette recrudescence dans les symptômes.

Nous remarquerons d'abord combien les conditions opératoires sont ici différentes de celles où se sont produits les succès.

Au lieu d'une plaie unique, aussi petite que possible, de manière à n'ajouter qu'une complication insignifiante à la lésion principale, nous avons, cette fois, trois incisions nouvelles, en trois points différents de l'avant-bras. Toutes étaient nécessaires ; toutes devaient avoir une certaine longueur (3 à 4 centimètres) ; toutes sont très-voisines du lieu enflammé, de la lésion primitive.

Est-il irrationnel de penser que ces plaies aient pu devenir la cause de nouvelles irritations nerveuses ?

Ces sections elles-mêmes, pratiquées si près de la lésion principale, ont-elles porté sur des troncs nerveux parfaitement intacts?

S'ils étaient intacts au moment de la section, ceux-ci n'ont-ils pas pu devenir la proie d'une inflammation par propagation, venue du voisinage où elle était intense?

Enfin, en supposant que les plaies nouvellement produites n'aient joué aucun rôle dans le réveil du tétanos, avait-on vraiment supprimé, par la triple opération pratiquée, toute communication entre la blessure principale et les centres nerveux, et l'irritation de la plaie n'avait-elle plus aucun moyen de se transmettre à la moelle ou à l'encéphale?

Cependant, en voyant la section du nerf cubital faite à deux ou trois centimètres au-dessus de l'apophyse styloïde, on est disposé à soupçonner que la branche nerveuse dorsale, perforant l'aponévrose un peu plus haut pour se porter ensuite en arrière, a peut-être été épargnée.

Et quand il n'en serait rien, on pourrait encore signaler, comme organe de transmission possible, les ramifications terminales de la branche postérieure du nerf radial allant s'éteindre dans les articulations carpo-métacarpiennes ; puis, celles du musculo-cutané descendant jusqu'au milieu de l'éminence thénar fortement engorgée et contuse dans le cas dont il s'agit.

En sorte que, si dans ce fait, la névrotomie, pourtant si bien indiquée, n'a pas tenu ses promesses, c'est sans doute à quelqu'une des conditions précédentes qu'il faut l'imputer.

Pour ces motifs, il serait prématuré de la condamner à jamais en raison de cet insuccès. Née d'hier, peu étudiée, nullement perfectionnée, elle est à rechercher ses indications précises et ses meilleures conditions opératoires? Elle mérite d'être accueillie et de nouveau expérimentée.

Dans la huitième observation, nous retrouvons des raisons semblables expliquant l'inefficacité de la névrotomie.

Ici, encore, elle a intéressé trois gros nerfs, elle a donné lieu à trois nouvelles plaies assez larges et profondes.

Enfin elle a *épargné des filets nerveux se rendant à la blessure* par une voie détournée; je veux parler des filets osseux fournis au tibia par le sciatique poplité interne.

Dans ce fait, d'ailleurs, l'indication de la névrotomie n'était pas impérieuse.

Le tétanos avait débuté par le trismus et la raideur du cou. La plaie était devenue douloureuse, mais cette douleur n'avait aucun retentissement sur les mâchoires, ni sur le tronc; elle ne s'accompagnait d'aucune contracture locale servant d'incitant aux contractions générales toniques. La complication paraissait peu dépendante de l'état local; c'est surtout après avoir constaté l'insuccès d'autres tentatives que l'on s'est décidé à pratiquer la névrotomie, après des hésitations et comme ressource ultime.

Pour ces motifs, l'opération a été faite trop tardivement.

Si elle a paru soulager un moment, cet effet n'a eu qu'une durée fugace; le malade, repris de contractures plus violentes quelques heures après, succombait dans la nuit.

Beaucoup de raisons se réunissent donc pour expliquer ici cet insuccès; et il ne serait point rationnel de le considérer comme un argument contre l'emploi de la névrotomie dans le tétanos. Il sert plutôt à en préciser les indications et à en faire reconnaître les désidérata opératoires.

La neuvième observation, trop incomplète pour permettre des déductions détaillées, ne me paraît pas cependant de nature à ôter toute valeur à l'emploi de la névrotomie dans le tétanos traumatique.

Elle a eu sa *triple* incision, comme les deux précédentes. De plus, elle se rapporte, au dire du chirurgien qui l'a pratiquée, à un cas d'anomalie du médian. La section de ce nerf, en effet, a laissé subsister dans les doigts des mouvements qu'il tient communément sous son influence. Une partie de la blessure est, sans doute en raison de cette anomalie, restée en communication avec les centres nerveux. D'ailleurs, la transmission des excitations du foyer local à l'axe médullaire n'a pas été totalement interrompue par la section de ces trois nerfs, puisque le musculo-cutané, resté intact, envoie ses filets terminaux jusque dans la région palmaire.

Malgré cela, l'effet de l'opération avait été des plus avantageux. L'amélioration s'était soutenue pendant quatre jours. On croyait, à ce moment, à une guérison prochaine, quand le malade succomba le cinquième jour.

Les trois insuccès précédents ne détruisent donc nullement les promesses de la méthode des sections nerveuses. Comme les six premières observations, quoique d'une manière moins éclatante, ils parlent, eux aussi, avec autorité en sa faveur. Chaque fois, ils montrent l'affection tétanique cédant à la névrotomie. L'arrêt se maintient *quelques heures, trois jours, quatre jours.* Si la guérison ne s'achève pas, la cause s'en trouve principalement dans l'existence de ces filets nerveux profonds inopportunément épargnés. Par là, l'incitation tétanique de la blessure, assoupie, presque anéantie, va retrouver un passage, se réveiller et retentir de nouveau sur l'organisme.

Peut-être une part de ces résultats fâcheux revient-elle aussi à la multiplicité des sections nerveuses pratiquées à la fois. L'observation de nouveaux faits pourra, dans l'avenir, éclairer la question sur ce point.

CHAPITRE QUATRIÈME.

CONCLUSIONS.

De l'analyse critique des faits consignés dans ce travail, des considérations théoriques et historiques qui les précèdent, se dégagent clairement les conclusions suivantes :

La névrotomie contre le tétanos traumatique, encouragée par Larrey et Dupuytren, rationnelle en théorie, a reçu déjà un commencement de sanction pratique : six succès sur neuf cas.

Elle n'est point destinée à guérir tous les tétanos. Comme toutes les méthodes, elle a ses indications et ses contre-indications. Son emploi est indiqué spécialement dans les cas suivants :

1° Lorsque le tétanos est précédé ou accompagné de contractures musculaires locales traduisant un état irritatif irradiant de la blessure.

Alors, le siége de la contracture sur tel groupe musculaire désigne nettement le nerf qu'il faut diviser.

2° Lorsque la douleur locale étant violente, l'exploration par le toucher des nerfs qui se rendent à la blessure détermine la production du signe qu'obtint Vood et qui guide d'une manière certaine le bistouri dans la section nerveuse.

3° Lorsque la douleur locale intense coexiste avec une blessure où la lésion nerveuse peut être bien précisée anatomiquement, comme dans le cas de Murray et de l'anonyme.

4° Lorsque les exacerbations de la douleur locale vont retentir sur les spasmes généraux, ce qui caractérise une forme de l'aura tétanique.

Les symptômes locaux dans le tétanos traumatique paraissent plus fréquents que ne le laisseraient supposer des observations incomplètement recueillies.

Ils se rencontrent habituellement, d'après Larrey ; Biard de Beauregard affirme en avoir constaté l'existence au début de cette affection. D'après mon observation personnelle, je suis conduit à partager cette opinion. J'ai constaté ces symptômes locaux 7 fois sur 9 cas, et dans les 2 cas où ils ne sont pas notés, l'observation, qui du reste est incomplète, n'indique rien sur cette question.

Si les symptômes locaux échappent quelquefois, il faut peut-être en accuser l'insuffisance des recherches à leur sujet. Quand le symptôme est une contracture, il ne saurait échapper ; quand c'est simplement une douleur locale s'irradiant de la blessure à la moelle, on y prête déjà moins d'attention. Mais à qui est-il arrivé jusqu'à ce jour de rechercher le signe de Vood ? Quel chirurgien s'est occupé de le faire naître en explorant successivement par le toucher chacun des nerfs émergeant de la plaie ?

La névrotomie *paraît* théoriquement et pratiquement contre-indiquée lorsqu'il s'agit d'un tétanos sans relation avec la blessure locale, c'est-à-dire où il n'y a ni douleurs locales, ni aura douloureux, ni contractures locales, ni le signe de Vood ; en un mot, lorsque la complication a les caractères d'un tétanos spontané, bien qu'elle existe chez un blessé.

Ces dernières conditions sont rares cependant. Et, même alors, la blessure entrant comme élément probable, sinon certain, dans la maladie, on se demande si la pratique de la névrotomie ne serait pas justifiée et si elle n'aiderait pas à la guérison du tétanos concurremment avec l'emploi d'autres agents thérapeutiques.

La névrotomie doit être faite hâtivement, dès le début du tétanos ; c'est alors qu'elle a produit ses effets les plus frappants.

La marche aiguë du tétanos n'est pas une contre-indication à son emploi. Au contraire, c'est dans les cas aigus qu'elle a eu le plus de succès. (Obs. I, II, III, IV.)

La névrotomie multiple ayant jusqu'à ce jour constamment échoué, on devra lui préférer autant que possible la section d'un *seul* nerf. L'indication de la névrotomie ainsi limitée peut quelquefois résulter d'investigations minutieusement faites.

Cependant, lorsque les symptômes locaux motivant la névrotomie ne sont pas assez spéciaux pour désigner d'une manière précise le cordon nerveux qui doit être sectionné, il est logique de diviser tous les nerfs, comme on a tenté de le faire dans les observations VIIe, VIIIe et IXe.

Mais, on aura soin alors de n'omettre la division d'aucun des filets se rendant à la plaie. Cette dernière condition est indispensable pour que la méthode soit vraiment appliquée.

L'opérateur doit se préoccuper de commettre le moins de dégâts possible dans la recherche des nerfs. Il préférera une seule incision quand elle pourra suffire. Celle-ci devra être des plus petites. Il importe que la blessure nouvelle passe comme un traumatisme inaperçu et sans produire aucun ébranlement sur le reste de l'organisme.

Pour diminuer cet effet possible on réunira par première intention les lèvres de la plaie ; elle sera mise ainsi immédiatement à l'abri des agents extérieurs.

On pratiquera la section du nerf en un point éloigné de la blessure. La plaie nouvelle se trouvera ainsi moins exposée à subir l'influence inflammatoire de la lésion primitive.

On ne s'attendra pas, après la section, à une terminaison brusque et comme par enchantement, du tétanos. Les symptômes locaux seuls cessent du coup. Mais, la marche de l'état général à la guérison est graduelle, quelquefois lente et retardée par des complications.

Aider l'effet de la névrotomie par l'emploi des moyens reconnus utiles dans le traitement du tétanos, est d'une conduite judicieuse et prudente. Le refroidissement a-t-il paru jouer un rôle dans l'étiologie de l'affection, on usera largement des diaphorétiques?

Les symptômes fébriles (pouls accéléré, température augmentée) (1)accompagnant le développement du tétanos appellent l'emploi des antiphlogistiques et de l'opium.

Devant l'apyrexie et l'irritation centrale réflexe considérable on demandera un secours, de préférence, aux agents qui ont paru, jusqu'à ce jour, calmer le mieux cet état de la moelle ; la fève de calabar, le curare, le chloral même.

Le tétanos traumatique, en effet, est une maladie complexe, et si l'excitation tétanique de la plaie est un de ses principaux éléments, il ne faut point oublier le rôle joué par l'exagération réflexe de la moelle, ni les diverses conditions nécessaires qui peuvent l'entretenir, tels que congestions des organes rachidiens, altération du sang, etc.

(1) La température exagérée peut se produire au début, dans le courant, à la fin et même après le tétanos (Wunderlich, 1861 ; Leyden, 1863 ; Ferber, 1863, etc.). Quelques observateurs considèrent ce symptôme comme pronostiquant une terminaison fatale. Il est plus rationnel de le regarder comme le signe d'une inflammation se produisant dans les centres nerveux, les méninges ou d'autres organes. Il indique ainsi une complication d'une grande gravité, mais non fatalement mortelle.

L'exagération de température n'existant pas, on doit porter un pronostic favorable sur la terminaison du tétanos, pensent les mêmes observateurs. Il ne faut pas accorder à cette opinion une foi aveugle. On a vu des chirurgiens quitter, le soir, après dix heures, un tétanique sur lequel la température n'avait rien d'exagéré ; cependant il avait cessé de vivre à six heures du matin. Ce symptôme, il est vrai, a pu naître dans les moments qui ont précédé la mort. Mais s'il constitue un signe pronostique grave de la dernière heure seulement, reconnaissons que, au milieu des autres symptômes significatifs si nombreux à cette période, il n'a guère d'importance pratique.

Ainsi, la névrotomie n'exclut l'emploi d'aucun autre moyen thérapeutique. Elle intervient pour éliminer un élément de la maladie, le plus important, sans doute, surtout au début. A elle seule cette opération peut guérir le tétanos traumatique. Mais, pour avoir toutes chances favorables, il importe que le chirurgien ne néglige l'emploi d'aucun des autres moyens réputés efficaces.

Je crois inutile de répondre ici à l'objection contre la névrotomie, tirée de la gravité de la section nerveuse qui doit amener toujours, dit-on, une paralysie de la sensibilité et du mouvement.

J'ai démontré ailleurs (1) qu'après ces sections portant sur un seul nerf, la motilité et la sensibilité étaient en partie suppléées dans le département du nerf divisé; que, dans quelques circonstances, la régénération du nerf pouvait être obtenue.

D'ailleurs, il faut reconnaître que je ne propose pas cette opération contre une maladie bénigne, mais bien contre une des plus meurtrières que nous connaissions.

(1) *Phénomènes physiologiques et pathologiques consécutifs à la section des nerfs du bras* (1869).

APPENDICE.

STATISTIQUES DES MÉTHODES DE TRAITEMENT DU TÉTANOS. CLASSIFICATION DES TÉTANOS.

I.

Sur les neuf faits rapportés dans ce mémoire, jai 6 succès, 3 insuccès. En y ajoutant une récente observation publiée dans le *Lyon médical* (1), je porte à 4 le chiffre des insuccès; donc 6 succès sur 10 cas.

Même avec ces conditions, je ne trouve nulle part une statistique aussi favorable à la cure des tétanos.

Je me borne à signaler la statistique de Heurteloup (1789), qui n'a pas vu guérir un seul cas de tétanos; celles de Lecat, de J.-L. Petit, qui sont semblables à la précédente; celle de Robillard, qui vit succomber sans exception tous les tétaniques éclatés au siége d'York sous Rochambeau. J. Cloquet, en 1859, disait à l'Académie des sciences, que sur 50 tétaniques qu'il avait observés, il n'en avait pas vu guérir un seul. Dupuytren a obtenu une guérison sur 40.

J'arrive aux statistiques concernant les grandes méthodes thérapeutiques, mises en usage contre cette affection.

(1) Il s'agit d'un tétanos consécutif à une blessure de la main, sur lequel on fit la division du plexus brachial, dans l'aisselle. Le nerf musculo-cutané échappa à la section; cependant quelques phénomènes douloureux vers le coude et l'avant-bras le désignaient comme devant surtout être divisé.

Ce malade mourut le lendemain à six heures du matin. A dix heures du soir, il n'avait présenté aucune exagération de température.

Par la méthode antiphlogistique, Alcook a eu 1 succès sur 17.

Si les mercuriaux ont produit 3 à 4 succès entre les mains de quelques Anglais, Larrey, pendant la campagne d'Egypte, ne leur dut que des insuccès.

L'anesthésie par l'éther a produit 17 à 18 succès selon Trousseau et Pidoux, mais seulement sur des tétanos spontanés, et que d'insuccès ne lui doit-on pas ! La chloroformisation dans 4 cas a donné 4 insuccès.

J'ai compté pour les sudorifiques 17 à 18 succès, y compris le fait d'A. Paré ; 10 sont à l'honneur de l'ammoniaque. Mais quel chiffre considérable d'insuccès si nous les rapportions tous.

L'opium, au dire de Bizard Curling, aurait donné 44 guérisons sur 86. Mais cette statistique est surtout relative à des tétanos spontanés, et telle qu'elle est, elle n'équivaut pas à celle de la névrotomie : 6 succès sur 10 cas.

Le haschich paraît réussir quelquefois à Calcutta ; Tyrell, dans un cas, appliqua avec succès le tabac en lotion sur la plaie. On trouve deux succès au compte de la nicotine. L'ivresse alcoolique a donné deux guérisons sur 5 à Dutrouleau et Gonnet.

J'arrive aux médicaments les plus préconisés de nos jours.

Je connais à l'atropine en injection 5 cas de mort sur 5 tétanos ainsi traités à l'Hôtel-Dieu de Lyon. Le succès de M. Dupuis (d'Oullins) s'est rarement reproduit.

Le curare avait donné 3 succès sur 9 (statistique de Follin). Depuis on y a ajouté 2 insuccès à Paris, j'y ajouterai les 3 insuccès survenus entre les mains de M. Ollier, ce qui fait 3 succès sur 14.

La fève de calabar a, dans ses résultats, quelque chose de plus encourageant. Dans la thèse de Gaillardon (Montpellier, 1868), on trouve à son actif 4 succès sur 7 cas de tétanos traumatique. Je lui connais un cas d'insuccès à Lyon, ce qui fait 4 succès sur 8 ; cela n'égale point encore la statistique de la névrotomie.

L'acupuncture n'a donné encore qu'un succès.

Quoique l'amputation ait été vantée comme une excellente méthode de traitement du tétanos, je n'ai pu trouver en son honneur que les 3 succès de Larrey, puis celui que vient de publier la *Gazette des hôpitaux* (mai 1870) ; quoique nous ayons tous employé ou vu employer plusieurs fois cette méthode, nous ne l'avons jamais vu réussir. Ces résultats la font considérer comme un des plus mauvais moyens de traitement des tétanos traumatiques.

Aucune statistique ne peut donc soutenir la comparaison avec celle que j'apporte en faveur de la névrotomie.

Interprétant cette dernière statistique, je diviserai les faits qu'elle contient en deux catégories : ceux où la névrotomie a été simple et ceux où elle a été multiple. Sur 6 cas de névrotomie simple, 6 succès, et sur 4 cas de névrotomie multiple 4 insuccès ; d'où cette conclusion : la névrotomie simple est une excellente méthode, n'ayant jusqu'à ce jour donné que des succès. La névrotomie multiple, n'ayant eu jusqu'à présent que des insuccès, serait peut-être abandonnée, si toutefois dans les faits de sections multiples, toute communication entre la plaie et les centres nerveux avait été bien complètement interrompue. Or comme cette condition n'a été réalisée encore dans aucun cas, il faut suspendre sur ce point notre jugement définitif.

II.

En finissant, je tiens à établir que l'idée d'appliquer la névrotomie à tout propos dans le tétanos ne saurait être ma manière de voir.

Je ne considère pas le tétanos comme une unité pathologique, j'admets la pluralité des tétanos et les divise en trois grandes classes en me basant sur les faits pathologiques et l'expérimentation physiologique.

Dans la première classe, je place les tétanos à *origine périphérique.*

L'affection naît alors dans les parties périphériques de l'appareil nerveux. Une impression spéciale produite sur les extrémités des nerfs est conduite par les troncs nerveux à la moelle où elle provoque l'excitation tétanique, à la manière des excitations réflexes.

A cette classe appartiennent :

1° Le *tétanos traumatique* à proprement parler, et dont je me suis surtout occupé dans ce travail.

2° Le *tétanos vermineux*, ou à origine intestinale, que nous obligent à admettre comme espèces distinctes les observations de Chaussier, de Biard, et celles de Laurent, de Strasbourg, dont on ne doit pas pourtant accepter toutes les idées.

La deuxième classe comprend les tétanos à *origine centrale.*

Ils sont causés tantôt par une lésion de la moelle (Thompson (de Philadelphie), Gélis (de Vienne, etc.), tantôt par l'altération des cordons postérieurs ou des cordons antérieurs seuls (Monod, etc.), tantôt par une inflammation des méninges spinales (Dupuytren, Kholer), quelquefois même par des méningites spinales avec propagation au cerveau, ce qui donne lieu aux formes tétaniques accompagnées de délire. (Fleury et Monneret, etc.).

On conçoit sans peine cette origine cérébrale si l'on se souvient de la facile manifestation des effets réflexes produits sur la substance grise de la moelle par l'excitation directe des cordons postérieurs (Chauveau), ou encore des tétanisations engendrées par Vulpian quand il écrase, entre les mors de sa pince, les cordons antérieurs isolément excités.

L'inflammation des cordons ou de leurs enveloppes méningiennes agissent sur la moelle comme ces excitateurs artificiels.

La troisième classe comprend les *tétanos humoraux*, ceux où le sang est empoisonné, et par son contact produit des effets réflexes sur la moelle.

Là se trouvent :

1° Le tétanos strychnique;

2° Le tétanos intermittent, dont Fournier, Pescay et Dance nous ont rapporté des observations ;

3° Le tétanos urémique, dont parle Aran dans ses leçons sur l'urémie.

4° Le tétanos saturnin ;

5° Le tétanos par ingestion de certains champignons vénéneux.

Si dans toutes ces espèces tétaniques on constate l'existence de ces grands symptômes généraux : trismus, opisthotonos, etc., qui suffisaient à nos devanciers pour caractériser l'affection et la faire considérer comme unique, il faut reconnaître aujourd'hui que les symptômes moins généraux, la marche, le pronostic, le diagnostic et les indications thérapeutiques de chacune des espèces signalées ci-dessus ne permettent plus de les confondre en une seule entité morbide, mais réclament une étude à part.

La névrotomie ne saurait être utile que dans une seule de ces espèces : le tétanos traumatique.

Il faut admettre d'ailleurs que les différentes espèces précédentes peuvent se combiner entre elles, de manière à constituer des tétanos à origine mixte, plus difficiles encore à reconnaître et à bien traiter.

www.ingramcontent.com/pod-product-compliance
Ingram Content Group UK Ltd.
Pitfield, Milton Keynes, MK11 3LW, UK
UKHW012107240726
13965UKWH00004B/1604